全国中等职业学校
全 国 技 工 院 校 培养复合型技能人才系列

铣工知识与技能（初级）（第二版）习题册

孙喜兵 主编

中国劳动社会保障出版社

简介

本习题册为全国中等职业学校、全国技工院校培养复合型技能人才系列教材《铣工知识与技能（初级）（第二版）》的配套用书。本习题册紧扣教学要求，按照单元顺序编排，知识点分布均衡，题型丰富多样，难易配置适当，有助于学生复习巩固所学知识。

本习题册由孙喜兵任主编，徐小燕、谢光伟、黄科峰参加编写。

图书在版编目（CIP）数据

铣工知识与技能（初级）（第二版）习题册 / 孙喜兵主编．-- 北京：中国劳动社会保障出版社，2022

全国中等职业学校 / 全国技工院校培养复合型技能人才系列

ISBN 978-7-5167-5612-6

Ⅰ.①铣⋯　Ⅱ.①孙⋯　Ⅲ.①铣削 - 中等专业学校 - 习题集　Ⅳ.① TG54-44

中国版本图书馆 CIP 数据核字（2022）第 203873 号

中国劳动社会保障出版社出版发行

（北京市惠新东街 1 号　邮政编码：100029）

*

北京市科星印刷有限责任公司印刷装订　　新华书店经销

787 毫米 ×1092 毫米　16 开本　2.75 印张　59 千字

2022 年 11 月第 1 版　　2022 年 11 月第 1 次印刷

定价：6.00 元

营销中心电话：400-606-6496

出版社网址：http://www.class.com.cn

http://jg.class.com.cn

目　录

第一单元　铣削加工基本知识和基本技能

课题一　铣削加工基本知识

一、填空题（将正确答案填写在横线上）

1．铣削加工工作场地中常用不同的________来划分作业区和安全通道，______________为安全通道；________________为作业区；________是作业区与安全通道的分界线。

2．用_________________在工件上切削各种_________________的方法称为铣削，它是以________________作主运动，________或________的移动作进给运动的切削加工方法。图 1–1 是一些常见的铣削加工内容，请在图片下括号里填写具体的工作内容。

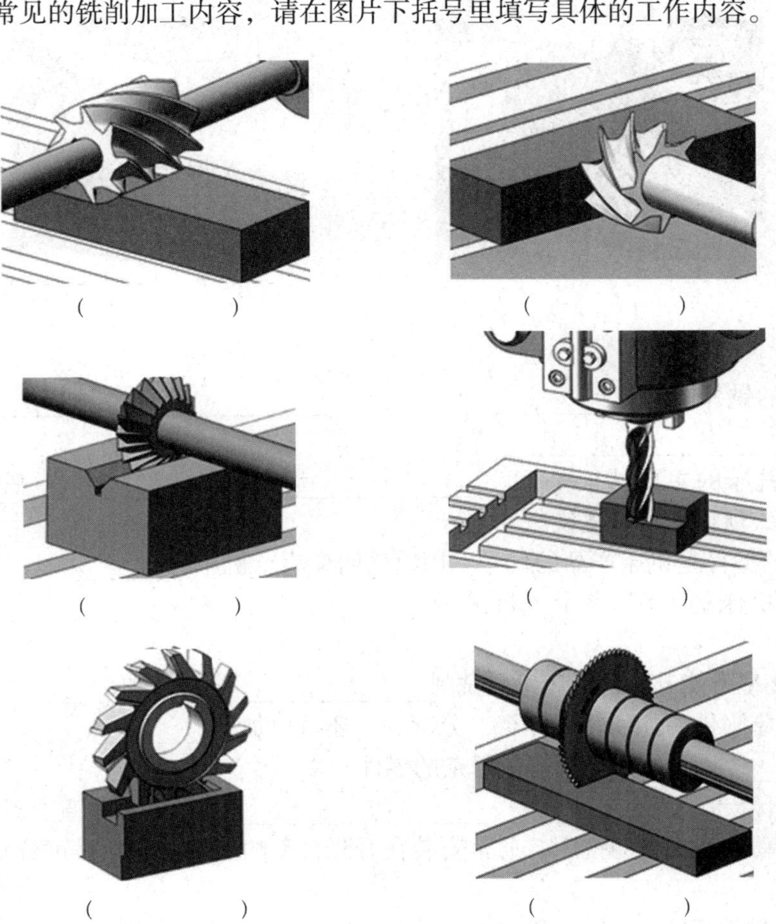

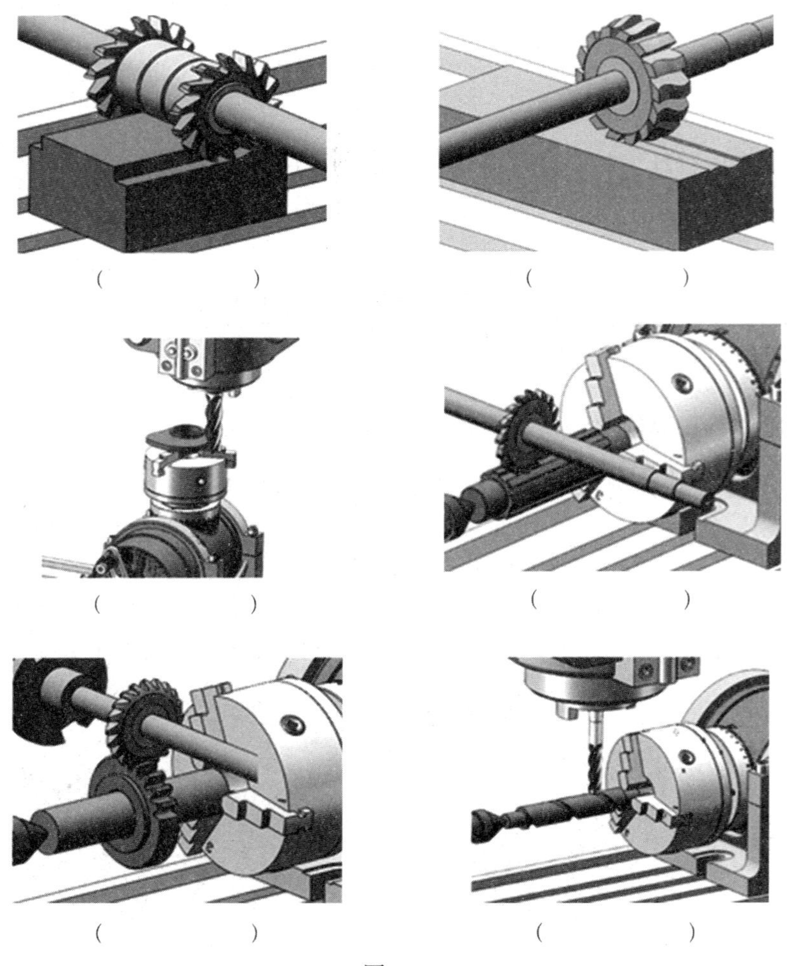

图 1-1

3．常用的铣床有____________、____________、____________、____________等。

4．卧式铣床的主要特征是____________与____________平行。因主轴呈________位置，所以称作卧式铣床。

5．机床的型号是机床产品的代号，用以简明地表示机床的________、____________等。X6132 型机床的“X”表示该机床为________，“32”表示____________________。

6．X5032 型万能升降台铣床可以铣削____________和____________；另外，利用机床附件，如回转工作台、分度头，还可以加工________、____________、________、________、________等较复杂的零件。

7．立式升降台铣床是____________与____________垂直，具有可沿床身导轨________移动的升降台的铣床，通常安装在升降台上的工作台和滑鞍可分别做________、________移动。

8．X6132 型铣床的________和____________的主要作用是用来支承刀杆的________，

以增强刀杆的________。

9．X6132 型铣床的主轴是一前端带有锥度为________锥孔的空心轴，用来安装________________和________。

10．图 1–2 所示为 X5032 型铣床的外形，请在横线处填写出序号对应各部件的名称。

图 1–2

1. ________________ 2. ________________ 3. ________________

4. ________________ 5. ________________ 6. ________________

7. ________________ 8. ________________ 9. ________________

10. ________________ 11. ________________

11．升降台铣床变速操纵部分位于________________。其功能是将主电动机的________________________通过齿轮变速，转换成________________的____种不同转速，以适应不同铣削加工速度要求。

12．升降台铣床的滑鞍部分，在铣削时用来带动工作台实现______________________，通过______________________________实现移动。

二、判断题（正确的打“√”，错误的打“×”）

1．铣削的加工范围比较广，生产效率和加工精度较高。（　　）

2．进入工作场地后必须穿好工作服、工作鞋，女工必须戴好工作帽。（　　）

3．X6132 型铣床是卧式铣床，因此不能完成立式铣床的工作。（　　）

4．X6132 型铣床的工作台在水平面内能做 ±45° 范围内的任意扳转，而 X5032 型铣床的工作台在水平面内不能扳转。（　　）

5. 机床型号中的主参数用折算值表示。当折算值大于 1 时，取整数；当折算值小于 1 时，取小数点后第一位数，并在前面加“0”。（　　）

6. 铣削过程中不准戴手套触摸工件表面。（　　）

7. 一旦出现电气故障，应立即报告实习教师，并切断电源，不得擅自进行处理。（　　）

三、选择题（将正确答案的代号填入括号内）

1. X5032 型铣床的主轴带有套筒装置，主轴可沿自身轴线在（　　）mm 范围内做手动进给。

A. 0 ~ 70　　B. 0 ~ 80　　C. 0 ~ 100　　D. 0 ~ 150

2. X5032 型铣床的主体是（　　），用来安装和连接机床其他部件。

A. 底座　　B. 床身　　C. 工作台　　D. 升降台

四、简答题

1. 简述铣削加工安全文明生产要求。

2. 龙门铣床的功能及特点是什么？

课题二　常用铣床的基本操作

一、填空题（将正确答案填写在横线上）

1．铣床操作前要检查机床各手柄________________________；检查各进给方向机动进给限位挡铁________________________，检查夹具、工件________________________。

2．工作时要集中精力，专心操作，不得擅自________________，离开机床时一定要________________。

3．以 X5032 型立式升降台铣床为例，在进行工作台纵向、横向和垂向的手动操作前，应先关闭________________，检查各向的紧固手柄和螺钉________________，再进行各向的________________。

4．X5032 型铣床工作台横向进给手轮在垂向工作台前面，每摇过一格，工作台移动____mm；每摇一转，工作台移动____mm。

5．工作台垂向进给手柄在垂向工作台前面左侧，每摇一转，工作台移动____mm，每摇过一格，工作台移动____mm。

6．工作台机动进给时，应________离合器，以防________________伤人。

7．变速时若听到齿轮相碰声，应待主轴________________________，避免损坏齿轮，________________时严禁变速。

8．工作台在移动时，不能超过各进给方向的________________，如果超过，需要立即________________，并且________________后进行________________。

9．进给变速箱是一个独立的部件，装在垂向工作台的左侧，有______种进给速度，即______~______mm/min。

10．横向及垂向机动进给手柄在横向工作台左侧进给箱上方，手柄有五个位置，分别为________、________、________、________及________。当手柄向上扳时，工作台________________，反之________；当手柄向前扳时，工作台________________，反之________；当手柄处于________________，进给停止。

11．在铣床工作中应时刻观察铣削情况，如发现异常现象，应立即________________。

12．工作完毕应清除铣床上及周围的________等杂物，关闭电源，擦净机床，在__________部位加注润滑油，整理________、________、计算器具，做好交接班工作。

二、判断题（正确的打“√”，错误的打“×”）

1．X5032 型铣床工作台纵向进给手轮在工作台左端及横向工作台右侧各有一个。（　）

2．进给操作时，若手柄摇过了尺寸值位置，不能直接摇回，必须将其退回约两转后，再重新摇到要求的尺寸值位置。（　）

3．升降台铣床的三个进给方向各由两块限位挡铁实现安全限位。若非工作需要，不得将其随意拆除，否则会导致工作超程。（　　）

4．X5032 型铣床变速时，扳动手柄时要求推动速度慢一些，在接近最终位置时，推动速度要更慢，以利于齿轮啮合。（　　）

5．铣削时，机动进给完毕，应先停止进给，再停止铣床主轴的旋转。（　　）

6．工作台移动速度的变换由进给箱来控制。（　　）

7．铣床的手拉、手压油泵和注油孔等部位，每月应按要求加注润滑油。（　　）

三、选择题（将正确答案的代号填入括号内）

1．X5032 型铣床工作台在纵向、横向、垂向三个方向的进给速度各有（　　）种。

A．12　　B．16　　C．18　　D．20

2．X5032 型铣床的垂直导轨是（　　）导轨。

A．梯形　　B．燕尾形　　C．V 形　　D．矩形

3．X5032 型铣床工作台纵向进给手轮每转过一圈，工作台移动（　　）mm。

A．6　　B．4　　C．5　　D．2

四、简答题

1．简述万能升降台铣床主轴变速的操作方法。

2．在进行铣床的操作练习前应做哪些准备？

课题三　常用铣刀及其装拆

一、填空题（将正确答案填写在横线上）

1．按铣刀切削部分的材料分类，铣刀可分为____________、____________、________和____________及金刚石、陶瓷、立方氮化硼等超硬材料制造的铣刀，其中最常用的是________和________两种。

2．一般形状较复杂的铣刀是________铣刀，硬质合金铣刀耐________，耐________，切削速度是高速工具钢的________倍。

3．铣刀的结构常见的有________、________和________三种。

4．直径不大的立铣刀、三面刃铣刀、锯片铣刀都采用________结构。直径较大的三面刃铣刀和套式面铣刀，一般都采用________结构。________铣刀节省材料，节省刃磨时间，提高了生产效率。

5．铣削平面用铣刀主要有________和________。圆柱铣刀主要分为________和________两种，用于粗铣和半精铣平面。

6．铣刀的安装方式通常有____________和____________两种方式。三面刃铣刀、圆柱铣刀等采用________的铣刀，较小直径的立铣刀和键槽铣刀是________铣刀，较大直径的立铣刀和键槽铣刀是________铣刀。

7．带柄铣刀有________和________两种。锥柄铣刀有____________、____________等。

8．三面刃铣刀分________、________和________等几种，用于铣削________、________、工件的侧面及________。

9．角度铣刀分为________、____________和________三种。

10．铣刀杆光轴的直径与____________相对应，常用的规格有______mm、______mm 和______mm 三种，应根据所选铣刀的________选用。

11．面铣刀，又称________，用于________、________或________上加工平面，________和________上均有刀齿，也有________和________之分。其结构有________、________和________三种。

二、判断题（正确的打“√”，错误的打“×”）

1．锥柄铣刀柄部采用莫氏锥度，有莫氏 1 号、2 号、3 号、4 号共四种。（　　）

2．有一圆柱铣刀上标有“80 × 100 × 32”，那么它的直径应是 100 mm。（　　）

3．使用硬质合金不重磨铣刀，要求机床、夹具刚度好，机床功率大，工件装夹牢固，刀片牌号与加工工件的材料相适应，刀片用钝后要及时更换。（　　）

三、选择题（将正确答案的代号填入括号内）

下列铣刀不能用来铣削平面的是（　　）。

A．圆柱铣刀　　B．锥柄立铣刀　　C．三面刃铣刀　　D．单角铣刀

四、简答题

1．观察图 1–3，回答下列问题。

（1）写出图 1–3 中各种铣刀的名称。

a（　　　）　b（　　　）　c（　　　）

d（　　　）　e（　　　）　f（　　　）　g（　　　）

图 1–3

（2）图 1–3 中用来铣削平面的铣刀有______________，用来铣削特形沟槽和特形面的铣刀有______________。

2．解释图 1–4 所示刀具标注含义。

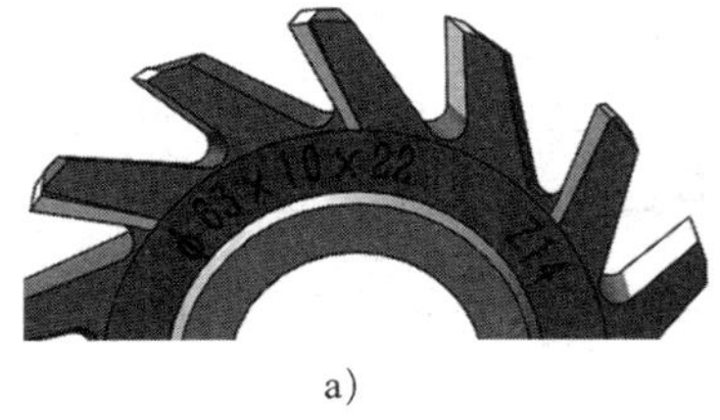

a）

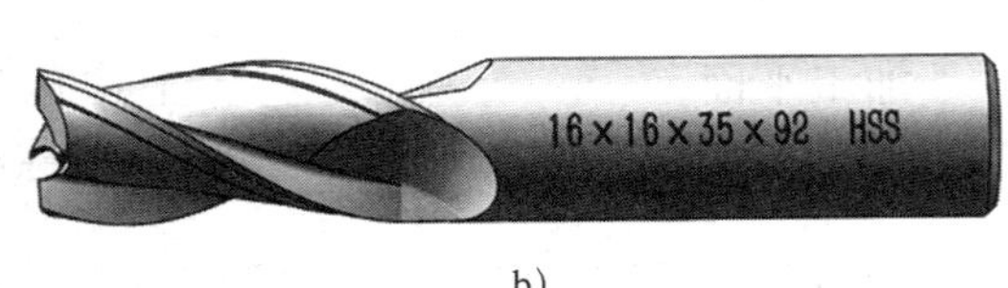

b）

图 1–4

3．加工直角沟槽用的铣刀有哪几种？试举例说明各自具体应用场合。

4．简述带孔铣刀和铣刀杆的安装步骤。

5．简述直柄铣刀的安装步骤。

6．简述铣刀安装后的检查步骤。

课题四　铣 削 加 工

一、填空题（将正确答案填写在横线上）

1. 铣削时________与________的相对运动称为铣削运动。

2. 主运动是消耗机床功率________的运动，铣削运动中铣刀的旋转运动是________。进给运动是________________________的移动、转动或________________________。

3. 在铣削运动中，工件上会形成______________、______________和______________。

4. 铣削方法可分为________________、________________以及____。

5. 周铣平面度的好坏，主要取决于________________________是否直，因此在精铣平面时，铣刀的________一定要好。端铣平面度的好坏，主要取决于____的垂直度。

6. 根据铣刀切削部位产生的切削力与进给方向间的关系，铣削方式可分为________和________。

7. 根据铣刀与工件之间相对位置的不同，端铣可分为________________和________________两种。

8. 按切入边和切出边所占铣削宽度比例的不同，非对称铣削又分为______________、________________。

9. 夹具根据应用范围不同可分为________________、________________。

10. 铣工所用的通用夹具，主要有________________、________、________________、__________等。

11. 专用夹具是专为____________而设计的，使用时既方便又准确，生产效率______。

12. 用________________装夹，可以在铣床上铣削正六棱柱、正八棱柱等。

13. 活扳手是用于扳动六角、四角螺钉和螺母的工具，其规格是以____表示的，如 300×36 等。

14. 铣削一般矩形工件的平面、斜面、台阶或者轴类工件的键槽时，都可以用________________来装夹。

15. 使用压板装夹工件时，应选择________________的压板。压板的一端搭在垫铁上，另一端搭在工件上。垫铁的高度应________________________工件被压紧部位的高度。

16. 铣削用量包括________________、________________和________________。

17. 铣削深度 a_p 是指在________铣刀轴线方向上测得的切削层尺寸；铣削宽度 a_e 是指在________铣刀轴线方向和工件进给方向上测得的切削层尺寸。

18. 不论是采用周铣或是端铣，铣削宽度 a_e 都表示________________。

19. 铣削速度是刀具选定的切削刃相对于工件的________的瞬时速度。

20. 进给量的表示方法有三种：________________、______________、____________。

21．粗加工时毛坯为原料毛坯，________________不好，且可能会有________等，为了保护平口钳钳口，在装夹工件时在两钳口面垫上________。

二、判断题（正确的打“√”，错误的打“×”）

1．铣削过程中的运动分为主运动和进给运动。（　　）

2．进给速度是工件在进给方向上每分钟相对刀具的位移量。（　　）

3．因为顺铣的铣削力对工件能起压紧作用，铣刀磨损慢，加工面的表面质量较高，且消耗在进给运动上的功率也较小，所以，周铣时一般都选择顺铣方式。（　　）

4．顺铣时，作用在工件上的力在进给方向的分力与进给方向相反，因此丝杠轴向间隙对顺铣无明显影响。（　　）

5．顺铣时，作用在工件上的垂直铣削力始终是向下的，有压紧工件的作用，对铣削工作有利。（　　）

6．对表面有硬皮的毛坯件，不宜采用顺铣。（　　）

7．端铣平面时，若主轴轴线与进给方向垂直，则铣刀刀尖会在工件表面铣出呈网状的刀纹。（　　）

8．面铣刀的刀杆短，刀杆刚度高，刀片装夹方便，铣削平稳且效率高，适宜进行高速铣削和强力铣削。（　　）

9．顺铣时的切削厚度比逆铣小，切屑短而厚而且变形较大，可以减小铣床功率的消耗。（　　）

三、选择题（将正确答案的代号填入括号内）

1．（　　）是使工件切削层材料相继投入切削，从而加工出完整表面所需的运动。

A．辅助运动　　B．进给运动　　C．主运动

2．进给速度的单位是（　　）。

A．mm/r　　B．mm/min　　C．mm/z

3．铣削速度 v_c 确定后，转速 n 与铣刀的（　　）有关。

A．齿数　　B．长度　　C．直径

4．用平口钳装夹工件时，其夹紧力应指向（　　）。

A．活动钳口　　B．平口钳导轨　　C．固定钳口

5．用平口钳装夹工件时，工件余量层应（　　）钳口。

A．稍低于　　B．稍高于　　C．尽量高于

6．在铣床上采用压板夹紧工件时，为了增大夹紧力，应使螺栓（　　）。

A．远离工件　　B．在压板中间　　C．靠近工件

四、名词解释

1．主运动

2．已加工表面

3．端面铣削法

4．顺铣

5．每齿进给量

五、简答题

1．简述装夹工件的基本要求。

2．怎样正确选用铣削用量?

3．在铣床上用直径为 63 mm 的圆柱铣刀以 25 m/min 的铣削速度进行铣削，铣床主轴转速至少应达到多少？

4．在铣床上用直径为 20 mm、齿数为 3 的立铣刀进行铣削，铣削速度 v_c 为 20 m/min，每齿进给量 f_z 为 0.04 mm/z，确定铣床主轴的转速和进给速度。

第二单元　连接面的铣削

课题一　垂直面和平行面的铣削

一、填空题（将正确答案填写在横线上）

1. 与基准面或直线垂直的平面称为________。与基准面或直线平行的平面称为________。

2. 较小平面的垂直度检验可使用________________或________________和________配合进行，塞尺的厚度规格可按________________来确定。

3. 游标卡尺可以直接测量工件的________、________、________、________等。常用的游标卡尺有________、________、________等几种。

4. Ⅲ型游标卡尺与Ⅰ型游标卡尺相比较，主要区别是增加了________________，测量爪布局位置________，取消了________，增大了________________。

5. 常用外径千分尺的测量分度值一般为________，测微螺杆移动量通常为________，所以常用的千分尺测量范围分为__________、__________、________、__________等。每隔____mm 为一个规格；测量大于 500 mm 的，每隔______mm 为一个规格。

6. 垂直面铣削需要保证其__________和________________的要求，还需要保证其相对基准面的__________要求。

7. 在卧式铣床上铣削垂直面，装夹时钳口的方向可与工作台进给方向________，但对于较薄或较长的工件，则一般采用钳口的方向与工作台纵向进给方向________。

8. 对于薄而宽大的工件可选择用__________装夹来进行铣削或直接装夹在________________上进行铣削。

9. 平行面铣削需要保证其__________和______________________的要求，还需要保证其相对基准面的________要求。

二、判断题（正确的打“√”，错误的打“×”）

1. 游标卡尺仅用于已加工光滑表面的测量，不宜测量表面粗糙的工件，以免将测量爪过快磨损。（　　）

2. 千分尺不准在旋转的工件上进行测量，但可以测量毛坯面等粗糙表面。（　　）

3. 铣削垂直面时关键的问题是保证工件定位的准确与可靠。（　　）

4. 端铣带台阶的平行面时，为了防止工件在铣削力作用下产生位移，在没有布置压板且迎着铣削力方向的侧面设置挡铁。（　　）

三、选择题（将正确答案的代号填入括号内）

1. 图 2-1 所示是直角尺与被测表面的接触情况，其中图（　　）的垂直度是符合要求的。

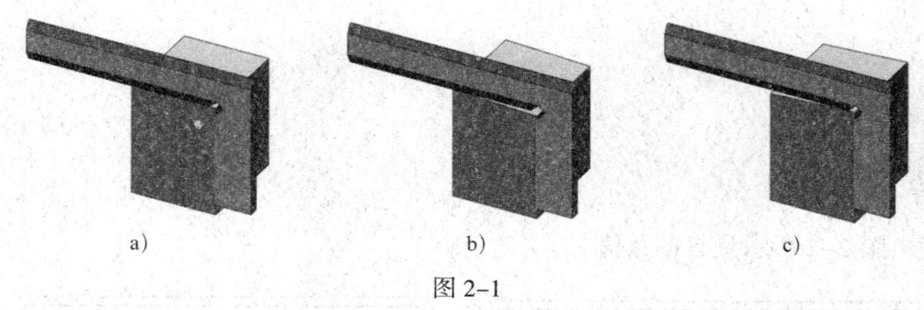

图 2-1

2. 工件的直线度或平面度应用（　　）进行检测。

A. 直角尺　　B. 塞尺　　C. 刀口尺　　D. 正弦规

3. 能够检测工件实际尺寸的量具是（　　）。

A. 百分表　　B. 千分尺　　C. 直角尺　　D. 塞规

4. 下列量具中属于定值量具的是（　　）。

A. 百分表　　B. 千分尺　　C. 直角尺　　D. 正弦规

四、简答题

1. 用平口钳装夹工件时，如何利用圆棒消除过定位？

2. 简述使用游标卡尺的注意事项。

3．简述千分尺的读数原理。

4．读出图 2–2 所示量具的示值。

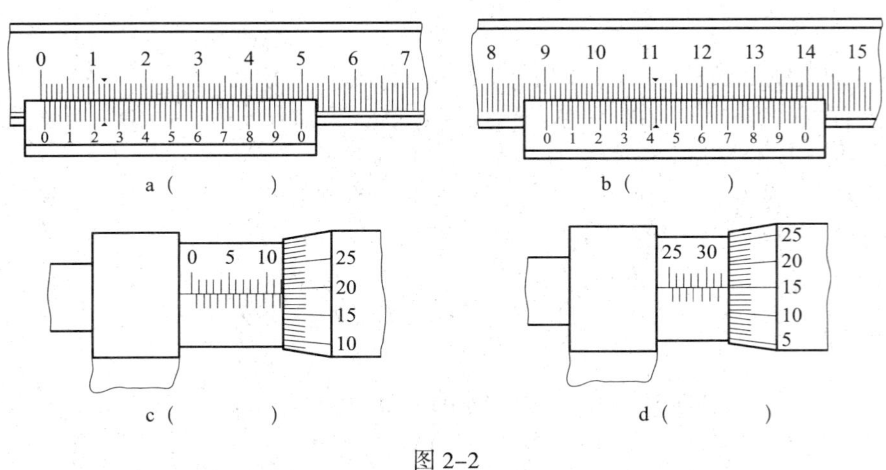

图 2–2

5．如何利用平口钳装夹工件？

课题二　斜面的铣削

一、填空题（将正确答案填写在横线上）

1. 斜面是指零件上与基准面成________________的平面。斜面相对基准面倾斜的程度用________来衡量。

2. 斜面铣削技术要求包括________________、________________、________________和________________。

3. 斜面的角度尺寸通常采用________________进行测量，批量生产且精度要求不高时也会采用________________通过透光法进行检验。

4. 游标万能角度尺（I 型）的分度值有__________和__________两种，其测量范围为________________。

5. 周铣斜面时，斜面与铣刀的外圆柱面________；端铣斜面时，斜面与铣床主轴轴线________。

6. 常用的铣削斜面的方法有________________、________________________________和________________________________等。

7. 用倾斜工件法铣削斜面，常用的方法有____________装夹工件、________________或__________装夹工件、________________________或________________装夹工件铣削斜面。

8. 角度铣刀就是__________与其______________________________的铣刀。角度铣刀的刀尖有______mm 的圆弧，它可以增强________________。角度铣刀有________________和________________两种。

9. 用角度铣刀铣削斜面时，除要求角度铣刀的角度符合要求外，还要求角度铣刀的________________大于________________________。

二、判断题（正确的打“√”，错误的打“×”）

1. 调整平口钳钳体角度装夹工件铣斜面时，应先校正固定钳口与卧式铣床主轴轴线垂直或平行。（　　）

2. 基准面与工作台面垂直装夹工件，用面铣刀铣削斜面时，立铣头扳转的角度应等于斜面倾斜角度。（　　）

3. 铣削斜面时，若采用转动立铣头方法铣削，立铣头转角与工件斜面夹角必须相等。（　　）

4. 通常斜面的位置尺寸精度要求不高，常采用游标卡尺测量。（　　）

5. 基准面与工作台面平行装夹工件，用面铣刀铣削斜面，立铣头扳转的角度等于标注的斜面角度，即 $\alpha=\theta$。（　　）

6. 铣削双斜面时，选用一对规格相同、刀齿刃口相同的角度铣刀。（　　）

三、选择题（将正确答案的代号填入括号内）

1．在精度要求不高的单件、小型工件的生产中，加工斜面时，宜采用（　　）法加工。

A．倾斜垫铁　　B．按划线装夹工件

C．利用靠铁　　D．偏转工作台

2．若斜面角度如图 2–3 所标注，采用立铣刀周铣斜面时，立铣头扳转角度为（　　）。

A．$\alpha=90°-\theta$　　B．$\alpha=\theta$

C．$\alpha=180°-\theta$　　D．$\alpha=\theta-90°$

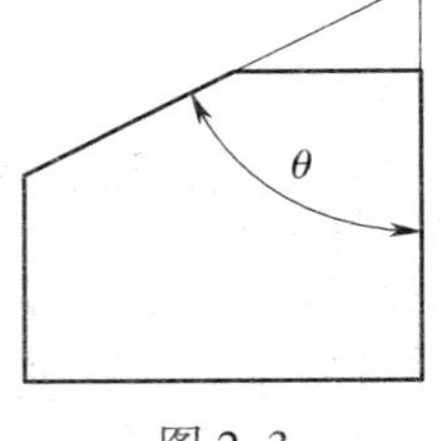

图 2–3

四、简答题

1．铣削斜面时，工件、铣床、铣刀之间的关系必须满足哪两个条件？

2．用倾斜垫铁装夹工件铣削斜面的特点和要求是什么？

3．角度铣刀适合铣削哪种形式的斜面？使用时需要注意哪些问题？

4．读出图 2–4 所示游标万能角度尺的示值。

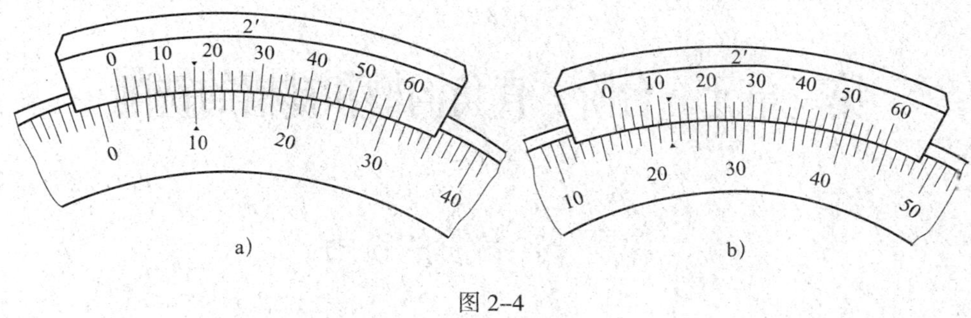

图 2–4

5．现准备在 X5032 型铣床上铣削如图 2–5 所示的工件斜面，平口钳钳口已经校正为与纵向进给方向平行，铣削时的具体装夹方法见表 2–1，请根据具体情况确定铣床主轴所需偏转的方向和角度。

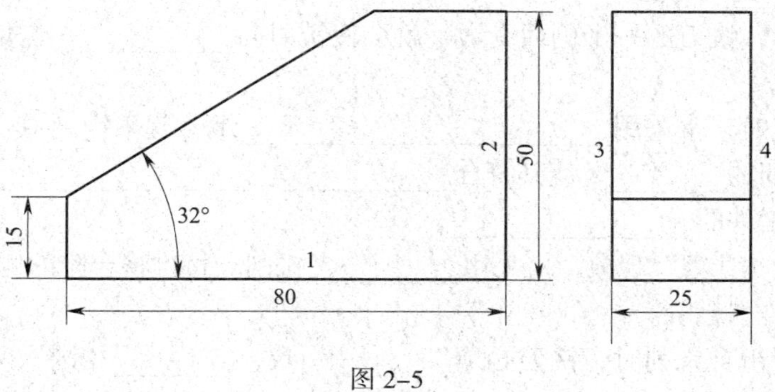

图 2–5

表 2–1

铣削方法	装夹方法	主轴偏转方向	主轴偏转角度
用立铣刀圆周刃铣削	3 面紧贴固定钳口，2 面朝向工作台面		
	4 面紧贴固定钳口，2 面朝向工作台面		
用面铣刀端面刃铣削	3 面紧贴固定钳口，1 面朝向工作台面		
	4 面紧贴固定钳口，2 面朝向工作台面		

第三单元　台阶、直角沟槽和键槽的铣削

课题一　台阶的铣削

一、填空题（将正确答案填写在横线上）

1. 台阶是由＿＿＿＿＿和＿＿＿＿＿组合而成。台阶的主要作用是＿＿＿＿、＿＿＿＿和作为导轨等。

2. 台阶的宽度和深度一般可用＿＿＿＿＿＿＿、＿＿＿＿＿＿＿或＿＿＿＿＿、＿＿＿＿＿＿＿进行检测。

3. 一般台阶的平行度采用＿＿＿＿＿＿＿或＿＿＿＿＿测量，对于垂直度的检测，一般精度时可以用＿＿＿＿＿＿＿来测量，有时也可以选择＿＿＿＿＿＿＿＿＿＿＿＿＿＿测量。

4. 在卧式铣床上，台阶通常用＿＿＿＿＿铣刀进行铣削。在立式铣床上则可用＿＿＿＿＿＿＿＿＿、＿＿＿＿＿进行铣削。

5. 三面刃铣刀铣台阶时，铣刀的＿＿＿＿＿＿＿＿＿＿＿起主要的铣削作用，两侧面切削刃起＿＿＿＿的作用。

6. 铣台阶时，铣刀的一个侧面受力，就会使铣刀向＿＿＿＿＿一侧偏让，这种现象称为＿＿＿＿现象。

7. 成批生产时，常采用＿＿＿＿＿＿＿＿＿＿＿组合起来铣削双台阶，应注意仔细调整两把铣刀之间的＿＿＿＿，使其符合＿＿＿＿＿＿＿＿＿＿＿＿＿＿＿的要求。同时要调整好铣刀与工件的＿＿＿＿＿＿＿。

8. 为了减少“让刀”现象，可采用＿＿＿＿＿铣削。每次将台阶的侧面留＿＿＿＿mm余量，分次进给铣削台阶。

9. 两把铣刀组合铣削时，铣刀必须＿＿＿＿一致，＿＿＿＿相同，两把铣刀内侧切削刃间的距离，由多个＿＿＿＿＿＿＿进行间隔调整。装刀时，两把铣刀应＿＿＿＿＿＿＿＿＿＿＿＿，以减轻铣削中的振动。

10. ＿＿＿＿的台阶工件，常用套式立铣刀进行加工。套式立铣刀刀杆＿＿＿＿强，切削＿＿＿＿，＿＿＿＿＿＿＿好，＿＿＿＿＿＿＿高。

11. 采用三面刃铣刀铣台阶时，在满足铣刀选择要求的前提下，三面刃铣刀的直径应＿＿＿＿＿＿＿；采用立铣刀铣台阶时，在条件许可的情形下，立铣刀的直径应＿＿＿＿。

二、判断题（正确的打“√”，错误的打“×”）

1．轴用极限量规都是成对使用的，一端为通规，一端为止规。用于检测工件尺寸是否在规定的极限尺寸范围内，从而判别工件是否合格。（　　）

2．用百分表测量双台阶对称度时，首先测量一侧台阶，然后将工件转180°，再次测量另一侧台阶，计算两次测量的差值，即为该台阶两侧的对称度误差。（　　）

3．用立铣刀铣削台阶面时，若立铣刀外圆上的切削刃铣削台阶侧面，则端面上的切削刃铣削台阶平面。（　　）

4．套式立铣刀的直径D应按台阶宽度尺寸B选取：$D \approx 2B$。（　　）

5．用三面刃铣刀铣削两侧台阶面，铣好一侧后，铣另一侧时横向移动距离为凸台宽度与铣刀宽度之和。（　　）

6．对称度要求较高的台阶面通常采用换面法加工。（　　）

三、选择题（将正确答案的代号填入括号内）

1．在卧式铣床上用三面刃铣刀铣削台阶，为了减少铣刀偏让，应选用（　　）的三面刃铣刀。

A．厚度较小　　B．直径较大　　C．直径较小、厚度较大

2．窄而深的台阶或内台阶工件常在（　　）铣削加工。

A．立式铣床上用立铣刀　　B．卧式铣床上用三面刃铣刀

C．立式铣床上用键槽铣刀

3．用两把直径相同的三面刃铣刀组合铣削台阶时，考虑到铣刀偏让，应用刀杆垫圈将铣刀内侧的距离调整到（　　）工件所需要的尺寸进行试铣。

A．略小于　　B．等于　　C．略大于

四、简答题

1．三面刃铣刀有哪几种类型？分别有什么特点？

2．铣削台阶时，可采取哪些措施来减少铣刀偏让的影响？

3．用立铣刀铣削台阶时，工件的装夹与校正要注意什么问题？

课题二　直角沟槽的铣削

一、填空题（将正确答案填写在横线上）

1．直角沟槽有________、________和________________三种形式。

2．直角沟槽的技术要求包括________________、________________、______________。

3．直角沟槽的尺寸，一般使用________________、________________检测。工件尺寸精度较高时，槽的宽度可用________________或者________________检测。

4．为了减小较大的切削阻力，铣削直角沟槽时通常会用________________铣刀来铣削通槽。

二、判断题（正确的打“√”，错误的打“×”）

1．封闭式直角沟槽可直接用立铣刀加工。（　　）

2．孔用极限量规只可以判断工件是否合格，不能测出具体尺寸。（　　）

3．内测千分尺由于结构设计方面的原因，其分度值高于其他类型的千分尺。（　　）

4．深度千分尺主要用来测量孔的深度、台阶的高度和沟槽深度，其读数原理与普通千分尺相同。（　　）

5．槽宽不大的直角沟槽可用三面刃铣刀铣削，由于其圆周刃为主切削刃，刀具有足够的刚度来保证槽的加工质量。（　　）

6．铣削直角沟槽时，如果沟槽较浅一般尽可能采用沟槽方向与固定钳口垂直的方向装夹。（　　）

7．用立铣刀铣半通槽和封闭槽，扩铣时应避免顺铣。（　　）

8．键槽铣刀常用来加工不穿通的封闭槽。（　　）

三、选择题（将正确答案的代号填入括号内）

1．在铣削封闭式直角沟槽时，选用（　　）铣刀铣削加工前需预钻落刀孔。

A．立　　B．键槽　　C．盘形槽

2．直角通槽的宽度若大于 25 mm，多采用（　　）铣刀进行铣削。

A．三面刃　　B．立　　C．键槽

3．加工精度较高的、较浅的半通槽和不穿通的封闭槽，常用（　　）铣刀进行铣削。

A．三面刃　　　　B．立　　　　C．键槽

四、简答题

1．简述检测直角通槽的对称度的步骤。

2．简述用孔用极限量规检验工件沟槽是否合格的方法。

3．用三面刃铣刀铣削直角沟槽时，如何选用铣刀？

课题三　轴上键槽的铣削

一、填空题（将正确答案填写在横线上）

1．键连接是通过键将______与____________结合在一起，实现____________并____________的连接。

2．键连接常用的有____________、____________和____________。

3．通键槽大都用____________铣削，封闭键槽多采用____________铣削。

4. 键槽的宽度尺寸要求一般________，公差一般________mm，键槽深度也会提出________________的要求；键槽的长度尺寸公差一般________________要求，通常按________________来确定。

5. 键槽的宽度常用________________检测，键槽以塞规或塞块的________________________为合格。

6. 键槽深度可以用________________或者__________测量。用游标卡尺测量时由于测量爪无法接触到键槽底部，一般常用________配合进行________________。

7. 铣削轴上键槽时，工件的常用装夹方法有________________装夹、______________装夹、________________________装夹和________________________装夹等。

8. 直径在 20 ~ 60 mm 范围内的长轴工件，在铣削键槽时，可将其直接放置在________________________上定位，用________压紧装夹。

9. 铣削轴上键槽时，调整铣刀切削位置的方法有________________对中心、________________对中心和________________________对中心等。

10. 轴上键槽的铣削方法有用________________铣削轴上键槽、用________________铣削轴上键槽。

二、判断题（正确的打"√"，错误的打"×"）

1. 若轴上键槽为半通槽或一端为圆弧形的半通槽，一般都采用三面刃铣刀进行铣削。（　　）

2. 用平口钳装夹轴类工件常用于单件生产，若想成批地在平口钳上装夹工件铣键槽，必须是直径误差很小的、经过精加工的工件。（　　）

3. 按切痕调整对中心法使用简便，此法的对刀准确度取决于操作者的技术水平和目测的准确度，因此这种方法对中心的准确度不高。（　　）

4. 在平口钳上装夹工件铣键槽，需要校正钳体的定位面，以保证工件的轴线与工作台进给方向垂直，同时与工作台面平行。（　　）

5. 用 V 形架装夹工件可使工件的轴线只能沿 V 形的角平分面上下移动变化，能保证其对称度不发生变化，因此适宜于大批量加工场合。（　　）

6. 在 V 形架上，当一批工件的直径因加工误差而发生变化时，变化量会超过槽深的尺寸公差。（　　）

7. 扩刀铣削法主要适用于键槽长度尺寸较短、生产数量不多的键槽的铣削。（　　）

8. 因键槽的两侧面与键相配合，因此键槽侧面有一定的平面度要求且两侧面应有一定的平行度要求；槽宽相对轴的轴线有对称度要求。（　　）

三、选择题（将正确答案的代号填入括号内）

1. 用宽度为 12 mm 的盘形槽铣刀铣削平键槽，轴的直径为 40 mm，采用擦侧面调整对中心，贴纸厚度为 0.12 mm，当铣刀擦纸后，降下工作台并退出工件，然后应将工作台横向移动（　　）mm。

A. 46.12　　B. 26.06　　C. 26.12

2. 批量生产中，采用一次调整、定距铣削平键槽，工件采用（　　）装夹时，工件直径的变化对轴上键槽深度和对称度误差影响最小。

A．平口钳　　　　B．V 形垫铁　　　　C．分度头、尾座两顶尖

3．用平口钳装夹工件，铣出的键槽两侧面与工件轴线不平行，原因有（　　）。

A．工件外圆直径不一致，有大小头

B．平口钳固定钳口未校正好

C．铣削时“让刀”量太大

4．若铣出的键槽底面与工件轴线不平行，原因是（　　）。

A．工件上素线与工作台面不平行

B．工件侧素线与进给方向不平行

C．工件铣削时轴向位移

四、简答题

1．铣削键槽时对中心的目的是什么？

2．盘形槽铣刀按切痕对中心的具体操作是怎样的？

3．简述扩刀铣削法的操作步骤。

4．简述影响键槽底面与工件轴线平行度精度的因素。

第四单元　切断和特形沟槽的铣削

课题一　切断和铣窄槽

一、填空题（将正确答案填写在横线上）

1. 锯片铣刀的刀齿有________、________和________之分。在铣床上经常使用________________铣窄槽或切断工件。其中________________适用于工件的切断，而________________和________________适用于较薄工件的切断和铣窄槽。

2. 锯片铣刀的________大而________小，因而________较差，________较低，加之切断深度大，受力就大，铣刀容易________。

3. 工件在切断或切槽时应尽量采用________________，进给速度要________。切削钢件时应充分浇注__________。

4. 工件的装夹必须牢固可靠，在切断工作中经常会因为工件的松动而使铣刀________，俗称________。

5. 切断或切槽常用__________、________或________________等对工件进行装夹。

6. 在平口钳上装夹短工件时通常应在工件后面加装一个相同尺寸的________，使钳口受力均匀。

7. 若将图 4–1 所示的工件沿长度方向分为宽度为 48 mm 的两块，则采用____装夹进行铣削较为方便，切断时应选择________（粗齿或细齿）锯片铣刀；装夹时工件的切缝应位于工作台________的上方，切断薄而细长的工件时多采用________，使切削力朝向工作台面，不需要太大的________。

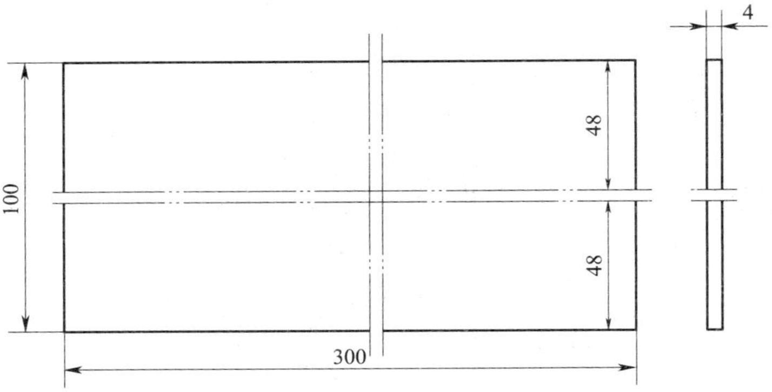

图 4–1

8．切断图 4–1 所示的工件时采用____________（顺铣、逆铣、顺铣或逆铣均可）；切断时应使铣刀圆周刃尽量与________________相切，或________________________。

二、判断题（正确的打“√”，错误的打“×”）

1．为了防止锯片铣刀松动，通常在刀杆与锯片铣刀之间安装平键。（　　）

2．装夹切断加工工件时，应使切断处尽量靠近夹紧点。（　　）

3．安装大直径锯片铣刀时，应在铣刀两端面采用大直径的垫圈，以增大其刚度和摩擦力，使铣刀工作更加平稳。（　　）

4．被锯工件在装夹时，伸出的长度要尽量短些，以铣刀不会铣伤钳口为宜。这样，可以充分增加工件的装夹刚度，并减少切削中的振动。（　　）

5．用平口钳装夹工件，无论是切断还是切槽，工件在钳口上的夹紧力方向应垂直于进给方向，以避免工件夹刀。（　　）

6．加工大型工件时，多采用平口钳装夹工件。（　　）

三、选择题（将正确答案的代号填入括号内）

1．铣刀直径大，则铣刀的宽度应选（　　）一些；反之，铣刀直径小，则铣刀的宽度应选（　　）一些。

A．大　　B．小　　C．中等

2．为了减少振动，避免锯片铣刀折损，切断时通常应使铣刀外圆（　　）。

A．尽量高于工件底面　　B．尽量低于工件底面

C．略高于工件底面

3．为防止紧刀螺母在铣削时松动，可在（　　）的刀杆垫圈内安装键。

A．靠近主轴一侧　　B．靠近紧刀螺母

C．靠近铣刀外侧

4．切断薄片时，一次装夹可逐次切出几件工件。工作台位移量 A 与铣刀宽度 L 和工件厚度 B 的关系是（　　）。

A．$A=L$　　B．$A=L-B$　　C．$A=L+B$

四、简答题

1．安装锯片铣刀的注意事项有哪些？

2．切断厚块的操作方法是什么？

课题二　铣 V 形 槽

一、填空题（将正确答案填写在横线上）

1．V 形槽两侧面间的夹角（槽角）有______、______和______等，其中以______的 V 形槽最为常用。

2．V 形槽的检测项目主要有________、________和________。

3．检测 V 形槽的槽角时，常用的方法有____________________________________检测、____________________________________检测和____________________________________检测。

4．V 形槽的铣削方法有用_________________铣削、用_____________铣削和用______________铣削三种。

5．铣削 V 形槽之前，工件装夹后，先用锯片铣刀铣出一条_________________，然后铣削 V 形槽的________。

二、判断题（正确的打"√"，错误的打"×"）

1．槽角大于或等于 90° 且外形尺寸较大的 V 形槽，可按槽角角度的 1/2 倾斜立铣头，用立铣刀对槽面进行铣削。（　　）

2．用错齿三面刃铣刀对 V 形槽槽面进行铣削。铣完一侧槽面后，不需重新校正即可铣削另一侧槽面。（　　）

3．铣削 V 形槽时，因铣刀容屑槽浅，刀尖强度低，故选用较低铣削用量数值。（　　）

三、选择题（将正确答案的代号填入括号内）

1．用立铣刀倾斜立铣头铣削 V 形槽时，当铣削一侧后，应把（　　），再铣另一侧。

A．立铣刀翻转　　B．立铣刀反向转过 $\alpha/2$ 角

C．工件转过 180°　　D．工作台转过 180°

2．槽角小于 90° 的小型 V 形槽应选用（　　）铣刀进行铣削。

A．三面刃　　B．立　　C．键槽　　D．对称双角

四、简答题

1．简述 V 形槽宽度尺寸的检测方法。

2．简述 V 形槽对称度的检测方法。

五、计算题

1．如图 4–2 所示，测量槽角为 120° 的 V 形槽，用直径为 30 mm 的标准量棒，测得量棒上素线至 V 形槽上平面的距离 h=17.87 mm，求 V 形槽的宽度 B。

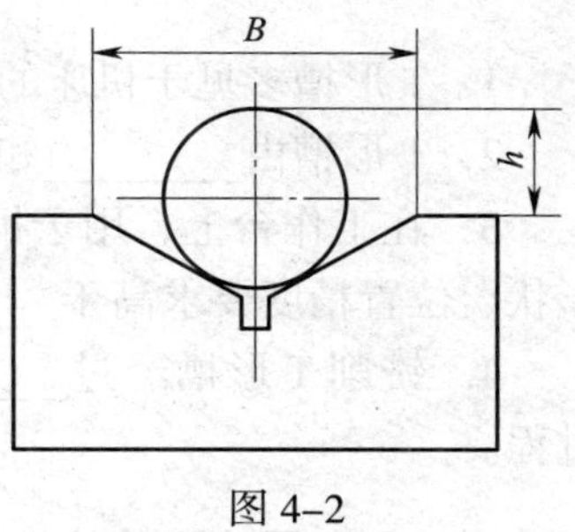

图 4–2

2. 如图 4–3 所示，用半径 R =40 mm 和 r = 24 mm 的标准量棒检测 V 形槽，测得 H = 52 mm、h = 32.70 mm，计算 V 形槽的实际槽角 α。

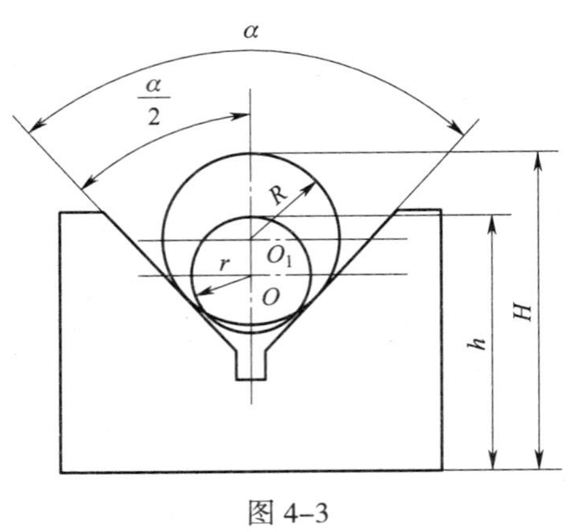

图 4–3

课题三 铣 T 形 槽

一、填空题（将正确答案填写在横线上）

1. T 形槽多见于机床的________，用于与机床附件、夹具配套时________和________。

2. T 形槽由________和________组成，根据使用要求不同分__________和__________。

3. 在工作台上，用于机床附件、夹具定位的是 T 形槽的________槽，它的尺寸精度和形状、位置精度要求高于________槽。

4. 铣削 T 形槽经过________________、________________和________________等几个过程。

二、判断题（正确的打“√”，错误的打“×”）

1. 用立铣刀铣穿通的封闭槽和用 T 形槽铣刀铣两端不穿通的 T 形槽，铣削前都应该钻落刀孔。（ ）

2. T 形槽铣刀折断的原因之一是铣削时排屑困难。（ ）

3. 底槽铣削完毕，用角度铣刀为槽口倒角。（ ）

4. 落刀孔的直径应略大于 T 形槽铣刀的直径，深度应小于 T 形槽的深度，以使 T 形槽铣刀能够方便地进入或退出。（ ）

三、选择题（将正确答案的代号填入括号内）

1．铣削T形槽时，首先应加工（　　）。

A．直槽　　B．底槽　　C．倒角

2．铣削T形槽时，通常可将直槽铣得（　　），以减小T形槽铣刀端面摩擦，改善切削条件。

A．比底槽略浅些　　B．与底槽接平　　C．比底槽略深些

四、简答题

1．简述T形槽的质量检测方法。

2．T形槽的技术要求是什么？

第五单元　利用万能分度头铣削

课题一　万能分度头的使用

一、填空题（将正确答案填写在横线上）

1. 万能分度头可对工件进行________________和通过交换齿轮与工作台纵向丝杠连接加工__________、________________等，从而扩大了铣床的加工范围。

2. 分度头的型号由__________________________________和__________两部分组成，F11125 型万能分度头是铣床上应用__________的一种万能分度头，其中“125”表示________________________。

3. 利用万能分度头及附件装夹工件的方法有用________________________、用____、用________________________、用____________________________。

4. F11125 型万能分度头配有多种附件，如_____________________、________、______、________、________________、__________、__________和________________、千斤顶等。

5. 三爪自定心卡盘通过__________安装在________________上，用来夹持工件。当卡盘扳手的________插入小锥齿轮的方孔内转动时，_______________就带动_______________转动。大锥齿轮的背面有一________________，与三个卡爪上的牙齿啮合，因此转动扳手通过三爪联动可将工件定心夹紧或松开。

二、判断题（正确的打“√”，错误的打“×”）

1. 分度盘用来配合分度手柄完成非整转数的分度工作。（　　）
2. 万能分度头无论配备 1 块还是 2 块分度盘，分度盘上各孔圈的孔数是相同的。（　　）
3. 万能分度头主轴是空心轴，两端均有莫氏锥度的锥孔。（　　）
4. 万能分度头的侧轴通过交换齿轮传动与分度盘相联系。（　　）
5. 万能分度头的分度手柄直接带动蜗轮蜗杆副使主轴旋转。（　　）
6. F11125 型万能分度头只备有一块分度盘（孔盘），最大的孔圈孔数是 40。（　　）
7. 分度叉的作用是便于多次重复使用相同孔数孔圈的分度操作。（　　）
8. 在万能分度头上采用两顶尖装夹工件，鸡心夹、拨盘与分度头主轴是通过锥度配合连接的。（　　）
9. 万能分度头尾座具有顶尖手轮，转动手轮可使顶尖进退，以便装卸工件；定位键使尾座顶尖轴线与万能分度头主轴轴线保持共线。（　　）

三、选择题（将正确答案的代号填入括号内）

1. 选用鸡心夹、尾座和拨盘装夹工件的方式适用于（　　）的轴类工件装夹。
   A. 较短　　B. 一端有中心孔　　C. 两端有中心孔
2. F11125 型万能分度头主轴两端的锥孔是（　　）。
   A. 莫氏 3 号　　B. 米制 7∶24　　C. 莫氏 4 号
3. F11125 型万能分度头主轴可在（　　）范围内调整倾斜角。
   A. −6° ~ 90°　　B. 0° ~ 90°　　C. −45° ~ 45°
4. 万能分度头蜗轮蜗杆离合手柄的作用是（　　）。
   A. 调节万能分度头主轴间隙　　B. 调节蜗杆轴向间隙
   C. 脱开或啮合蜗轮蜗杆副
5. 万能分度头分度盘孔圈的孔数最少（最多）是（　　）。
   A. 24（62）　　B. 24（66）　　C. 30（66）

四、简答题

1. 万能分度头的主要功用是什么？

2. 用三爪自定心卡盘装夹工件的注意事项是什么？

3．万能分度头的使用注意事项是什么？

课题二　简单分度法

一、填空题（将正确答案填写在横线上）

1．简单分度法又称________________。分度时先将__________固定，转动________________，使________带动________旋转，从而带动________和________转过一定的转（度）数。

2．转动万能分度头传动系统的分度手柄，经传动比为________的直齿轮传动和________的蜗轮蜗杆传动，可使主轴转到所需的分度位置。

3．用简单分度法进行 14 等分时，每次分度，分度手柄应转______转且在孔数为______的孔圈上转过______个孔距。

4．当分度手柄（蜗杆）转过 40 周，蜗轮（工件）转过一周，即传动比为__________，“40”称为________________________。

5．角度分度法是简单分度法的另一种形式，它是以____作为计算的依据。与简单分度法分度________相同，只是在________________________上有些不同。

6．相邻面角度超差的可能原因有：________________________，________________________________，________________________和________________不准确。

二、判断题（正确的打“√”，错误的打“×”）

1．简单分度时，如果分度手柄需要在某孔圈上转过 k 个孔距，那么应调整分度叉的夹角，使两叉脚间包含 k 个孔。（　　）

2．利用分度盘上的孔圈和分度叉，可以进行 2 ~ 66 之间任意等分数的简单分度。（　　）

3．简单分度法是根据分度头的蜗轮齿数（定数）和工件的等分数来计算、操作的。（　　）

4．分度计算错误可能会导致铣削六方体时对边尺寸超差。（ ）

5．运用简单分度公式计算的结果都是带分数的。（ ）

6．当分度手柄转数 n 为分数时，应使分子分母同时扩大或缩小整数倍，使分子值与分度盘上某一孔圈的孔数相同。（ ）

7．工件等分边数为偶数时，一般采用试切法对中心并用组合铣刀进行铣削加工。（ ）

三、选择题（将正确答案的代号填入括号内）

1．下列各等分数中，不能进行简单分度的有（ ）。

A．178　　B．61　　C．105

2．在 F11125 型万能分度头上铣削齿数 z=60 的直齿圆柱齿轮时，每铣一齿，分度手柄应转过（ ）转。

A．36/54　　B．18/27　　C．44/66

3．若工件的等分数是 63，用万能分度头分度时应采用（ ）分度法。

A．简单　　B．角度　　C．差动

4．在 F11125 型万能分度头上铣削齿数 z=80 的直齿圆柱齿轮时，每次分度时分度手柄应转过（ ）转。

A．2　　B．1/2　　C．1

5．在 F11125 型万能分度头上需转过 θ =18° 20′，应通过公式（ ）计算分度手柄转数。

A．θ /90°　　B．θ /540′　　C．θ /9°

6．若需分度头按 180、240、360 分度，应采用（ ）分度法进行分度。

A．简单　　B．角度　　C．差动

7．不是整转数的分度（如 24/66）可通过分度头的（ ）达到分度要求。

A．分度叉　　B．分度盘　　C．刻度盘

8．分度叉两叉脚间的夹角是可调的，调整的方法是使两叉脚间的孔数比需摇的孔数（ ）。

A．少 1 个　　B．多 1 个　　C．相等

四、简答题

1．在 F11125 型万能分度头上铣削齿数 z=52 的直齿圆柱齿轮，应如何分度？

2. 在 F11125 型万能分度头上铣削相间角度为 52° 30′ 的两个键槽，铣削完第一个键槽后，应如何调整分度头？

课题三　矩形外花键的铣削

一、填空题（将正确答案填写在横线上）

1. 花键连接是两零件上________且________的键齿相互连接，并传递______或______的同轴偶件。

2. 花键连接是一种能传递________和____________的连接形式，在机械传动中应用广泛，尤其是机床、汽车、拖拉机等机械的________内，大都用花键齿轮套与花键轴配合的滑移实现变速传动。

3. 根据键齿的形状（齿廓）不同，常用的花键分为________和________两类。矩形花键连接的定心方式有________、________和________。

4. 矩形花键的规格为________×________×________×________。

5. 花键工件用____________或____________________装夹。

6. 在铣床上铣削外花键的常用方法有________、____________和____________三种。

7. 铣削外花键时的检测项目主要有：用______或________检测______和______尺寸；用______检测外花键侧面相对工件轴线的______和______________。

8．当齿数多于______齿时，为了避免铣伤邻齿，三面刃铣刀的宽度应________小径上两齿间的弦长。

二、判断题（正确的打"√"，错误的打"×"）

1．在铣床上铣削外花键时，选用的三面刃铣刀外径越小越好，这样可以提高铣刀刚度。（　　）

2．用一把三面刃铣刀铣削外花键时，对刀的要求是使铣刀的侧面切削刃通过花键的齿侧面。（　　）

3．矩形花键的小径定心是指以外花键的外径定位。（　　）

4．在铣床上用三面刃铣刀单刀加工矩形外花键，至少需要分三步切削才能铣成外花键齿槽。（　　）

5．在铣床上铣削外花键，所选用的三面刃铣刀的宽度应通过计算确定。（　　）

6．铣削外花键中间槽时，三面刃铣刀宽度的中分平面必须通过矩形键侧面。（　　）

7．用三面刃铣刀单刀铣削外花键时，只需将铣刀的侧刃对准键侧划线，便可保证外花键较高的对称度要求。（　　）

8．铣削外花键侧面只需达到键宽尺寸要求。（　　）

9．用锯片铣刀铣削小径圆弧面，铣出的是多边形表面。（　　）

10．用成形铣刀铣削外花键小径时，为了调整小径尺寸，第一槽试铣后应转过 180° 铣第二槽。（　　）

11．用两把三面刃铣刀组合铣削外花键，铣刀的外径尺寸不要求相等，而宽度尺寸要求完全相同。（　　）

12．用两把三面刃铣刀组合铣削外花键，铣刀之间的垫圈厚度尺寸应等于外花键键宽尺寸。（　　）

13．外花键的平行度是指键侧之间的平行度，不包括键侧与工件轴线的平行度。（　　）

14．外花键对称是指键两侧面的中分平面通过工件轴线。（　　）

15．对于单件、小批量加工而言，外花键各要素偏差的检测一般均采用专用量具进行。（　　）

三、选择题（将正确答案的代号填入括号内）

1．目前使用最广泛的花键是（　　）花键，通常可在卧式铣床上铣削加工。

A．矩形　　B．渐开线　　C．三角形

2．矩形花键的标准定心方式是（　　）定心，因此铣削花键时一般均留有磨削余量。

A．大径　　B．小径　　C．齿侧

3．用三面刃铣刀铣削矩形花键，若用侧刃铣削花键齿侧时，为了保证花键齿侧与轴线平行，应找正（　　）。

A．工件上素线与工作台面平行

B．工件侧素线与进给方向平行

C．工件上素线与进给方向平行

四、简答题

1．用组合铣刀铣削外花键时，选择和安装组合铣刀应注意哪些问题？

2．选择外花键的加工方法应考虑哪些因素？简述外花键不同加工方法的特点与应用场合。